ICS 07.040
A 75
备案号：37665—2012

中华人民共和国测绘行业标准

CH/T 1026—2012

数字高程模型质量检验技术规程

Technical rules for quality
inspection and acceptance of digital elevation models

2012-10-26 发布　　2013-01-01 实施

国家测绘地理信息局　发布

目　次

前　　言

本标准的起草规则依据 GB/T 1.1—2009。

本标准由国家测绘地理信息局提出并归口。

本标准起草单位：四川省测绘产品质量监督检验站、国家基础地理信息中心。

本标准主要起草人：陈华、王珊、黄献智、曾衍伟、李倩、唐翼德、张秋义、李见阳、陈琰如、李冲。

引　言

为保障数字高程模型(DEM)质量检验工作的规范性和可靠性,促进DEM成果质量水平的提高,在GB/T 18316—2008《数字测绘成果质量检查与验收》的基础上,对检查内容、方法等进行细化,制订本标准。

数字高程模型质量检验技术规程

1 范围

本标准规定了数字高程模型(DEM)质量检验的基本要求、工作流程、检验方法和质量评定方法。

本标准适用于按现行国家标准、行业标准生产的数字高程模型质量的检验。

2 规范性引用文件

下列文件对于本文件的应用是必不可少的。凡是注日期的引用文件,仅注日期的版本适用于本文件。凡是不注日期的引用文件,其最新版本(包括所有的修改单)适用于本文件。

GB/T 18316 数字测绘成果质量检查与验收

GB/T 24356 测绘成果质量检查与验收

CH/T 1018 测绘成果质量监督抽查与数据认定规定

CH/T 1020 1∶500 1∶1 000 1∶2 000 地形图质量检验技术规程

3 基本要求

3.1 数字高程模型质量检验的抽样、质量元素、质量子元素、检查项、计分方法、质量评定等应按 GB/T 18316 的规定执行。

3.2 数字高程模型检验应依据有关法律法规、国家标准、行业标准、设计书、测绘任务书、合同书和委托验收文件等。

3.3 批成果应由相同技术要求下同一作业单位生产的同一规格、同一等级单位成果集合组成。当检验批划分为多个批次检验时,各批次分别进行质量检验与质量判定。

3.4 检验分详查和概查。详查内容包括空间参考系、位置精度、逻辑一致性、时间精度、栅格质量、附件质量。概查是根据需要及成果特点,对样本外单位成果的特定检查项以及可能出现的系统性错误进行检查。

3.5 检验使用仪器应符合计量检定要求,精度指标不低于规范及设计对仪器设备精度指标的要求。

3.6 质量问题应记载在《检查意见记录表》上,检验记录应整洁、清晰。质量问题应描述完整,指标和所属错漏类别应明确。其格式参见附录 A。

4 工作流程

检验工作流程包括检验前准备、抽样、成果质量检验(详查与概查)、质量评定、报告编制和资料整理,参见图 1。具体内容如下:

a) 检验前应收集项目设计、相关技术文件及标准,核查上一级检查完成情况,明确检验内容及方法,准备检验仪器设备和软件,制订工作计划,必要时应编制检验方案;

b) 确定抽样方案,抽样并提取相应资料及数据;

c) 对样本成果实施详查,必要时对样本外单位成果进行概查;

d) 完善检验记录，评定单位成果质量及等级，判定批成果质量；

e) 按相关规定编制检验报告；

f) 汇总检验记录，整理检查数据和资料，按档案管理要求存档。

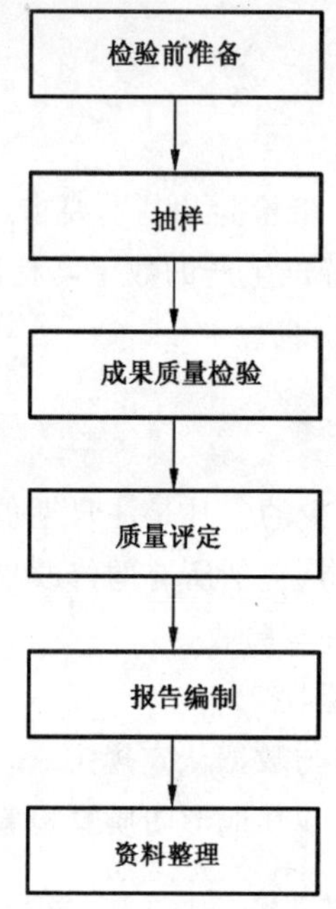

图 1 检验工作流程

5 抽样程序

5.1 单位成果总数确定

单位成果以“幅”为单位。当有需求时，在生产委托方、测绘单位认可的情况下可以以数据存储单位、区域等划分单位成果。依据项目相关技术文档及成果资料等确定单位成果总数。

5.2 检验批次、批量确定

被检成果中包含不同规格成果时，应按不同规格成果分别组成检验批。当检验成果总数不小于201时，应根据作业区域、生产方式、成果完成时间等分批次抽样。分批次时，批次数量应最小，各批次的批量应均匀。

5.3 样本量确定

根据批量，按 GB/T 18316—2008 表 1 中的规定确定样本量。

5.4 抽样

5.4.1 抽样一般采用简单随机抽样方式，也可根据生产单位、生产方式、生产时间、地形类别等因素，采用分层随机抽样。

5.4.2 样本尽量分布均匀，并考虑图幅接边、跨带等因素。

5.4.3 样本资料包括：

——技术设计、相关技术规定和技术文件；

——技术总结、检查报告及相应检查记录；

——接合图表(含图号、地形类别、经纬度范围、资料源、作业方式、控制点及加密点布设、测区周围接边情况等信息)；

——按技术设计要求组织的样本(若需概查,应为全部成果)及接边成果数据；

——生产所用仪器设备检定和检校资料等；

——相关参考数据、过程数据和文档资料。

5.4.4 抽样时应填写《测绘成果检验抽样单》,其格式参见附录B。

5.4.5 当检验批划分为多个批次检验时,各批次成果可同时抽样,填写同一抽样单。

6 检验内容及方法

6.1 详查

6.1.1 详查的检验内容

DEM详查的检验内容见表1。

表1 详查的检验内容

<table>
<tr><th>质量元素</th><th>质量子元素</th><th>检验内容</th><th>检验方法</th></tr>
<tr><td rowspan="3">空间
参考系</td><td>大地基准</td><td>坐标系统</td><td rowspan="3">核查分析</td></tr>
<tr><td>高程基准</td><td>高程基准</td></tr>
<tr><td>地图投影</td><td>投影参数</td></tr>
<tr><td rowspan="3">位置精度</td><td rowspan="3">高程精度</td><td>高程中误差</td><td>比对分析、实地检测</td></tr>
<tr><td>套合差</td><td>比对分析、核查分析</td></tr>
<tr><td>同名格网高程值</td><td>比对分析</td></tr>
<tr><td rowspan="4">逻辑一致性</td><td rowspan="4">格式一致性</td><td>数据归档</td><td rowspan="4">核查分析</td></tr>
<tr><td>数据格式</td></tr>
<tr><td>数据文件</td></tr>
<tr><td>文件命名</td></tr>
<tr><td rowspan="2">时间精度</td><td rowspan="2">现势性</td><td>原始资料</td><td rowspan="2">核查分析、比对分析</td></tr>
<tr><td>成果数据</td></tr>
<tr><td rowspan="2">栅格质量</td><td rowspan="2">格网参数</td><td>格网尺寸</td><td>核查分析</td></tr>
<tr><td>格网范围</td><td>核查分析</td></tr>
<tr><td rowspan="6">附件质量</td><td rowspan="2">元数据</td><td>项错漏</td><td rowspan="6">核查分析</td></tr>
<tr><td>内容错漏</td></tr>
<tr><td>图历簿</td><td>内容错漏</td></tr>
<tr><td rowspan="3">附属资料</td><td>完整性</td></tr>
<tr><td>正确性</td></tr>
<tr><td>权威性</td></tr>
</table>

6.1.2 详查的检验方法

6.1.2.1 空间参考系

核查分析数据的平面坐标系统、高程基准、地图投影参数的正确性。

6.1.2.2 位置精度

6.1.2.2.1 高程中误差

高程中误差检测按下列要求进行：

a) 检测控制按以下要求执行：
   1) 利用成图区域的图根控制成果时，按 CH/T 1020—2010，6.2.2.3 的规定对所需的图根点进行检测；
   2) 当被检项目图根控制成果不能满足检测需要时，在等级控制点基础上布设检测控制点，检测控制点测量应符合相关规范和技术要求；
   3) 采用摄影测量法时，应核查分析控制点或加密成果，当其符合相关技术要求时才能采用。

b) 高程检测点按以下原则选择：
   1) 检测点数量视成果规格、成图范围、地形类别、成果生产方式、高程检测点的获取方式等情况确定，每个样本图幅一般选择 20～50 个检测点；
   2) 高程检测点位置应分布均匀，避免选择高程急剧变化处、桥面等非自然地表处；
   3) 选择位于草绘等高线区域、雪域、沙丘、乱掘地，以及大面积森林、建筑物密集覆盖区等高程推测区的高程检测点，应予以标注说明。

c) 高程检测点主要用以下方法获取（根据项目特点、成果生产方式、资料、仪器设备、软件、自然条件等情况，在满足测图精度的前提下，选择最适宜的方法）：
   1) 野外实测法：采用全球导航卫星系统（GNSS）测量法或极坐标法采集检测点坐标。当采用 GNSS 测量法观测时，应进行测前、测后与已知点坐标比对检核；当采用极坐标法时，应进行后视坐标和高程检核。
   2) 已有成果比对法：利用高精度或同精度的地形图、数字高程模型等成果获取检测点坐标。
   3) 摄影测量法（适用于摄影测量方式生产的 DEM）：利用不低于加密点精度的已知点作为控制点，采用空三加密方法，按加密点的精度要求选取、观测、平差计算出检测点坐标；或利用被检项目的加密成果，在摄影测量系统中恢复或重建立体模型，在立体模型上采集检测点坐标。

d) 高程中误差统计：利用采集的检测点与成果中同名点进行高程比较，计算出 DEM 内插点高程中误差。《高程中误差检测记录表》格式参见附录 C。

e) 精度统计按以下要求执行：
   1) 精度统计按单位成果进行。
   2) 若项目对高程推测区有精度要求，当单位成果中有大面积高程推测区时，该区域精度统计应单独进行，否则不统计。
   3) 当检测点数量小于 20 个时，以误差的算术平均值代替中误差；当数量大于等于 20 个时，按中误差统计。
   4) 高精度检测时，在允许中误差 2 倍以内（含 2 倍）的误差值均应参与精度统计，超过允许中误差 2 倍的误差视为粗差；同精度检测时，在允许中误差 $2\sqrt{2}$ 倍以内（含 $2\sqrt{2}$ 倍）的误差值均应参与精度统计，超过允许中误差 $2\sqrt{2}$ 倍的误差视为粗差。
   5) 高精度检测时，中误差计算按公式（1）执行

$$M=\pm\sqrt{\frac{\sum_{i=1}^{n}\Delta_i^2}{n}} \qquad \cdots\cdots(1)$$

式中：

M ——成果中误差；

n ——检测点数量；

Δ_i ——较差。

6） 同精度检测时，中误差计算按公式(2)执行

$$M=\pm\sqrt{\frac{\sum_{i=1}^{n}\Delta_i^2}{2n}} \qquad \cdots\cdots(2)$$

式中：

M ——成果中误差；

n ——检测点数量；

Δ_i ——较差。

6.1.2.2.2 套合差

套合差检查包括：

a） 对于利用等高线、高程点等高程要素构造不规则三角网(TIN)内插生成的 DEM 成果，比对分析 DEM 成果反生成的等高线与原始等高线间同名等高线的套合误差是否超限，或将 DEM 成果与立体模型套合，比对分析 DEM 高程点与立体的切合是否满足精度要求；

b） 对照数字正射影像图(DOM)、数字线划图(DLG)、地形图等资料数据，比对分析静止水域处的 DEM 高程值是否一致、合理，流动水域的 DEM 高程值是否自上而下平缓过渡、关系合理；

c） 核查分析高程推测区高程处理方式的正确性；

d） 核查分析高程空白区高程值的正确性。

6.1.2.2.3 同名格网高程值

利用程序自动检查或调用相邻图幅比对分析同名格网点高程值接边是否符合要求。

6.1.2.3 逻辑一致性

利用程序自动检查或调用数据核查分析数据文件存储、组织的符合性，数据文件格式、文件命名的正确性，数据文件有无缺失、多余，数据是否可读。

6.1.2.4 时间精度

比对分析生产中使用的各种资料是否符合现势性要求，核查分析成果是否符合现势性要求。

6.1.2.5 栅格质量

6.1.2.5.1 格网尺寸

利用程序自动检查或调用数据核查分析格网尺寸的正确性。

6.1.2.5.2 格网范围

利用程序自动检查或调用数据核查分析格网起点坐标、格网行列数或格网起止点坐标，分析 DEM

有效范围的正确性。

6.1.2.6 附件质量

6.1.2.6.1 元数据

利用程序自动检查或调用数据核查分析元数据文件的命名、格式，元数据项数目、顺序以及各项内容填写的正确性、完整性。

6.1.2.6.2 图历簿

核查分析各项内容填写的正确性、完整性。

6.1.2.6.3 附属资料

附属资料检查包括：

a) 核查分析各种基本资料、参考资料的完整性、正确性和权威性；
b) 技术设计、技术总结、检查报告以及其他文档资料的齐全性、规整性；
c) 检查生产过程中技术问题处理情况在技术总结中有无描述和说明，是否符合相关的技术标准、规范以及技术设计要求；
d) 根据相关的技术标准、规范以及技术设计要求，检查技术总结是否能真实客观反映整个生产的技术过程，以及结果分析的真实性、可靠性。

6.2 概查

6.2.1 概查的检验内容

DEM 概查的检验内容见表 2。

表 2 概查的检验内容

质量元素	质量子元素	检验内容	检验方法
成图范围		测图范围	核查分析
空间参考系	大地基准	坐标系统	
	高程基准	高程基准	
	地图投影	投影参数	
逻辑一致性	格式一致性	数据归档	核查分析
		数据格式	
		数据文件	
		文件命名	
时间精度	现势性	原始资料	核查分析、比对分析
		成果数据	
栅格质量	格网参数	格网尺寸	核查分析
		格网范围	核查分析
其他		详查发现的系统性的偏差、错误	见 6.1

6.2.2 概查的检验方法

6.2.2.1 成图范围

依照生产合同、技术设计等资料，核查分析成图范围是否正确、测图区域是否漏测。

6.2.2.2 空间参考系

按6.1.2.1的规定执行。

6.2.2.3 逻辑一致性

按6.1.2.3的规定执行。

6.2.2.4 时间精度

按6.1.2.4的规定执行。

6.2.2.5 栅格质量

按6.1.2.5的规定执行。

6.2.2.6 其他

除以上五个质量元素外，根据项目需要和检验所收集的资料情况，针对详查发现的系统性的偏差、错误，对批成果实施全面检查，检查方法按6.1的相关规定执行。

7 质量评定

7.1 单位成果质量评定

7.1.1 单位成果质量水平以百分制表征，采用高程中误差、错误率等指标进行质量评定：

a) 涉及高程中误差的质量元素或检查项按公式(3)进行评分

$$\left.\begin{array}{ll} S=60+\dfrac{40}{0.7\times m_0}(m_0-m) & 0.3m_0<m\leqslant m_0 \\ S=100 & m\leqslant 0.3m_0 \end{array}\right\} \quad \cdots\cdots(3)$$

式中：

S ——涉及中误差的质量元素或检查项得分值；

m_0——中误差限值；

m ——中误差检测值。

b) 涉及错误率的质量元素或检查项按公式(4)进行评分

$$\left.\begin{array}{ll} r=n/N\times 100\% & \\ S=60+\dfrac{40}{r_0}(r_0-r) & r_0>0\text{ 且 }r\leqslant r_0 \\ S=100 & r_0=0 \end{array}\right\} \quad \cdots\cdots(4)$$

式中：

r ——错误率检测值；

n ——套合差、接边差超限的处数，元数据错误项数，图历簿错误项数；

N——全图有效面积、元数据项数、图历簿项数；

S —— 涉及错误率的质量元素或检查项得分值；

r_0 ——错误率限值。

7.1.2 检查意见记录及错漏类别归类方式参照附录 D。

7.1.3 单位成果质量评定按 GB/T 18316—2008 表 5 和 5.2 的规定执行，计算参照附录 E。

7.1.4 质量统计及质量评定按以下原则执行：

a) 各质量元素得分均大于 60 分时，单位成果质量得分取质量元素的最低得分值（附件质量可不参与统计）；

b) 质量元素的检查项出现检查结果不满足合格条件，或任意一个质量元素得分小于 60 分时，判定单位成果质量不合格；

c) 按错误率、中误差分别计算分值时，质量元素最终得分取最小值；

d) 粗差率大于 5% 时，判定位置精度不合格，当粗差率小于或等于 5% 时，粗差数量计入位置精度的套合差错漏数；

e) 按元数据错漏与图历簿错漏分别计算分值时，质量元素最终得分取最小值；

f) 质量元素的最终分值取小数点后一位，不四舍五入，取值范围为 60～100。

7.1.5 检查、验收报告中《样本质量统计表》格式参见附录 F。

7.1.6 单位成果质量等级按 GB/T 18316—2008 表 6 的规定执行。

7.2 批成果质量判定

7.2.1 批成果质量判定按 GB/T 18316—2008，5.3 的规定执行。

7.2.2 检验批划分为多个批次检验时，分别判定各批次批成果质量。各批次批成果质量均判定为合格时，判定该检验批成果质量为合格，否则为不合格。

8 报告编制

8.1 委托检验报告的内容、格式按 GB/T 18316 的规定执行。

8.2 监督检验报告的内容、格式按 CH/T 1018 的规定执行。

8.3 测绘单位按 GB/T 24356 和 GB/T 18316 的规定编制检查报告。

9 资料整理

整理检验（查）报告、检查原始记录、检测数据等资料，按规定进行管理。

附 录 A
（资料性附录）
《检查意见记录表》格式

表 A.1 给出了《检查意见记录表》格式。

表 A.1 检查意见记录表

第____页 共____页

<table>
<tr><td colspan="3">资料名称：</td><td colspan="3">资料编号：</td></tr>
<tr><td colspan="6">检验参数：</td></tr>
<tr><td colspan="6">□ 详查 □ 概查</td></tr>
<tr><td>序号</td><td>质量问题</td><td>处理意见</td><td>修改情况</td><td>复查情况</td><td>错漏类别</td></tr>
<tr><td></td><td></td><td></td><td></td><td></td><td></td></tr>
<tr><td></td><td></td><td></td><td></td><td></td><td></td></tr>
<tr><td></td><td></td><td></td><td></td><td></td><td></td></tr>
<tr><td></td><td></td><td></td><td></td><td></td><td></td></tr>
<tr><td></td><td></td><td></td><td></td><td></td><td></td></tr>
<tr><td></td><td></td><td></td><td></td><td></td><td></td></tr>
<tr><td></td><td></td><td></td><td></td><td></td><td></td></tr>
<tr><td></td><td></td><td></td><td></td><td></td><td></td></tr>
<tr><td></td><td></td><td></td><td></td><td></td><td></td></tr>
<tr><td></td><td></td><td></td><td></td><td></td><td></td></tr>
<tr><td></td><td></td><td></td><td></td><td></td><td></td></tr>
<tr><td></td><td></td><td></td><td></td><td></td><td></td></tr>
<tr><td colspan="6">备注：</td></tr>
<tr><td colspan="3">检查者：

日期：</td><td colspan="3">复查者：

日期：</td></tr>
</table>

附　录　B
（资料性附录）
《测绘成果检验抽样单》格式

表 B.1 给出了《测绘成果检验抽样单》格式。

表 B.1　测绘成果检验抽样单

委托单位：＿＿＿＿＿＿＿＿＿＿　　　　　　　　　　检验类别：＿＿＿＿＿＿＿＿＿＿

<table>
<tr><td>成果名称</td><td colspan="6"></td></tr>
<tr><td rowspan="2">生产日期</td><td colspan="2" rowspan="2"></td><td rowspan="2">抽样日期</td><td rowspan="2"></td><td>成果总数</td><td></td></tr>
<tr><td>批　次</td><td></td></tr>
<tr><td rowspan="2">提样方式</td><td colspan="4" rowspan="2">☐ 送寄　　　☐ 自提</td><td>批　量</td><td></td></tr>
<tr><td>样本数</td><td></td></tr>
<tr><td rowspan="3">测绘单位</td><td>单位名称</td><td colspan="3">（盖章）</td><td>电　话</td><td></td></tr>
<tr><td>经办人</td><td colspan="3"></td><td>传　真</td><td></td></tr>
<tr><td>邮寄地址</td><td colspan="3"></td><td>邮政编码</td><td></td></tr>
<tr><td rowspan="4">检验单位</td><td rowspan="2">单位名称</td><td colspan="3" rowspan="2">（盖章）</td><td>电　话</td><td></td></tr>
<tr><td>传　真</td><td></td></tr>
<tr><td>抽样人</td><td colspan="3"></td><td>抽样地点</td><td></td></tr>
<tr><td>邮寄地址</td><td colspan="3"></td><td>邮政编码</td><td></td></tr>
<tr><td colspan="5">样本资料：</td><td colspan="2">检验参数：</td></tr>
<tr><td colspan="7">样本号：</td></tr>
<tr><td colspan="7">备注：</td></tr>
</table>

附 录 C
（资料性附录）
《高程中误差检测记录表》格式

表 C.1 给出了《高程中误差检测记录表》格式。

表 C.1 高程中误差检测记录表

第____页 共____页

<table>
<tr><td colspan="5">项目名称：</td></tr>
<tr><td colspan="3">比 例 尺：</td><td>图幅号：</td><td rowspan="2">高精度检测 □
同精度检测 □</td></tr>
<tr><td colspan="3">检测方式：</td><td>单位：米</td></tr>
<tr><td colspan="3">仪器名称、型号：</td><td>仪器编号：</td><td>得分：</td></tr>
<tr><td rowspan="2">序号</td><td>检测高程值</td><td>图上高程值</td><td>差值</td><td rowspan="2">备注</td></tr>
<tr><td>H_1</td><td>H_2</td><td>dh</td></tr>
<tr><td></td><td></td><td></td><td></td><td></td></tr>
<tr><td></td><td></td><td></td><td></td><td></td></tr>
<tr><td></td><td></td><td></td><td></td><td></td></tr>
<tr><td></td><td></td><td></td><td></td><td></td></tr>
<tr><td></td><td></td><td></td><td></td><td></td></tr>
<tr><td></td><td></td><td></td><td></td><td></td></tr>
<tr><td></td><td></td><td></td><td></td><td></td></tr>
<tr><td></td><td></td><td></td><td></td><td></td></tr>
<tr><td></td><td></td><td></td><td></td><td></td></tr>
<tr><td></td><td></td><td></td><td></td><td></td></tr>
<tr><td></td><td></td><td></td><td></td><td></td></tr>
<tr><td></td><td></td><td></td><td></td><td></td></tr>
<tr><td></td><td></td><td></td><td></td><td></td></tr>
<tr><td></td><td></td><td></td><td></td><td></td></tr>
<tr><td></td><td></td><td></td><td></td><td></td></tr>
<tr><td></td><td></td><td></td><td></td><td></td></tr>
<tr><td></td><td></td><td></td><td></td><td></td></tr>
<tr><td colspan="5">备注：</td></tr>
<tr><td colspan="3">检测点数量（个）：</td><td>粗差数量（个）：</td><td>粗差率（%）：</td></tr>
<tr><td colspan="3">中误差限值：±</td><td colspan="2">中误差：±</td></tr>
<tr><td colspan="3">检查者：
日期：</td><td colspan="2">复查者：
日期：</td></tr>
</table>

附 录 D

(资料性附录)

检查意见记录及错漏类别归类方式示例

表 D.1 给出了检查意见的记录及错漏类别归类方式，其中：

——“检验参数”栏填写检验的质量元素编号及名称。

——将每个问题在“错漏类别”栏中归类并计数，其填写方式示例及意义如下：

- ①不符：空间参考系有 1 个不符合项；
- ②2：位置精度有 2 处超限；
- ②：位置精度有 1 处超限；
- ⑥2：附件质量有 2 处错误；
- /：不计错漏。

——其他栏按实际情况填写。

表 D.1 检查意见记录表

资料名称：DEM　　　　资料编号：××××××××××

检验参数：①空间参考系、②位置精度、③逻辑一致性、④时间精度、⑤栅格质量、⑥附件质量

■ 详查　　□ 概查

序号	质量问题	处理意见	修改情况	复查情况	错漏类别
1	投影参数错 1 处				① 不符
2	DEM 文件命名错				③ 不符
3	与邻图高程值不接边 2 处				② 2
4	静止水域高程不一致 1 处				②
5	元数据某项的名称错 1 处				⑥ 不符
6	元数据 2 项内容错				⑥ 2
7	与原始等高线比较，反生成的等高线偏移约半个等高距				/
	—				

备注：

检查者： 日期：	复查者： 日期：

附 录 E
（资料性附录）
样本质量统计方式示例

表 E.1 给出了样本质量的统计方式，其中：

——设格网有效面积为 28 km^2，元数据项数 N 为 53，图历簿项数 N 为 40；

——按 7.1.4 规定的质量统计和评分原则计算得分；

——序号为 1、5、6、7、10 的评价项为 GB/T 18316—2008 表 5 中合格条件为“符合”的检查项；

——序号为 2 的评价项采用公式(3)计算得分；

——序号为 3、4、8、9 的评价项采用公式(4)计算得分。

表 E.1 样本质量统计

<table>
<tr><th>质量元素</th><th>评价项序号</th><th>质量评价项</th><th>有效面积 N 或 总数 N</th><th>中误差 m 或 错误项数 n</th><th>错误率 r</th><th>错误率限值 r_0 或 中误差限值 m_0</th><th>质量子元素分值</th><th>质量元素分值 S</th><th>图幅得分</th></tr>
<tr><td>空间参考系</td><td>1</td><td>符合项</td><td></td><td>1</td><td></td><td></td><td>0.0</td><td>0.0</td><td rowspan="10">0.0</td></tr>
<tr><td rowspan="3">位置精度</td><td>2</td><td>高程中误差</td><td></td><td>2.2</td><td></td><td>3.96</td><td>85.3</td><td rowspan="3">0.0</td></tr>
<tr><td>3</td><td>套合差</td><td></td><td>0</td><td>0</td><td>0%</td><td>100.0</td></tr>
<tr><td>4</td><td>同名格网高程值</td><td></td><td>2</td><td>0.11</td><td>0%</td><td>0.0</td></tr>
<tr><td>逻辑一致性</td><td>5</td><td>符合项</td><td></td><td>1</td><td></td><td></td><td>0.0</td><td>0.0</td></tr>
<tr><td>时间精度</td><td>6</td><td>符合项</td><td></td><td>0</td><td></td><td></td><td>100.0</td><td>100.0</td></tr>
<tr><td>栅格质量</td><td>7</td><td>符合项</td><td></td><td>0</td><td></td><td></td><td>100.0</td><td>100.0</td></tr>
<tr><td rowspan="3">附件质量</td><td>8</td><td>元数据内容</td><td>53</td><td>2</td><td>3.77%</td><td>5%</td><td>69.8</td><td rowspan="3">69.8</td></tr>
<tr><td>9</td><td>图历簿</td><td>40</td><td>0</td><td>0</td><td>5%</td><td>100.0</td></tr>
<tr><td>10</td><td>符合项</td><td></td><td>0</td><td></td><td></td><td>100.0</td></tr>
</table>

附 录 F
（资料性附录）
《样本质量统计表》格式

表 F.1 给出了《样本质量统计表》格式。

表 F.1 样本质量统计表

<table>
<tr><th rowspan="2" colspan="2">图号</th><th colspan="6">质量元素</th><th rowspan="2">得分</th><th rowspan="2">质量
等级</th></tr>
<tr><th>空间
参考系</th><th>位置
精度</th><th>逻辑
一致性</th><th>时间
精度</th><th>栅格
质量</th><th>附件
质量</th></tr>
<tr><td rowspan="2"></td><td>错误率</td><td></td><td></td><td></td><td></td><td></td><td></td><td rowspan="2"></td><td rowspan="2"></td></tr>
<tr><td>得分</td><td></td><td></td><td></td><td></td><td></td><td></td></tr>
<tr><td rowspan="2"></td><td>错误率</td><td></td><td></td><td></td><td></td><td></td><td></td><td rowspan="2"></td><td rowspan="2"></td></tr>
<tr><td>得分</td><td></td><td></td><td></td><td></td><td></td><td></td></tr>
<tr><td rowspan="2"></td><td>错误率</td><td></td><td></td><td></td><td></td><td></td><td></td><td rowspan="2"></td><td rowspan="2"></td></tr>
<tr><td>得分</td><td></td><td></td><td></td><td></td><td></td><td></td></tr>
<tr><td colspan="10">注 1：空间参考系、逻辑一致性、时间精度、栅格质量无错误率，该质量元素填写“符合”或“不符合”，得分填写“100”或“不合格”。
注 2：位置精度以高程中误差、错误率两项评定质量，该质量元素填写最低得分项；当用高程中误差代表位置精度时，“错误率”中填写检测高程中误差(单位为 m)。
注 3：附件质量若不满足合格条件项，填写“不符合”，否则填写错误率及其得分。</td></tr>
</table>

责任编辑　余易举

中华人民共和国测绘行业标准
数字高程模型质量检验技术规程
CH/T 1026—2012
*
国家测绘地理信息局发布
测绘出版社 出版发行
地址：北京市西城区三里河路50号　邮编：100045
电话：(010)83543956　68531609　68531363　网址：www.chinasmp.com
三河市世纪兴源印刷有限公司印刷
新华书店经销
成品尺寸：210mm×297mm　印张：1.5　字数：33千字
2013年11月第1版　2013年11月第1次印刷
印数：0001—1500册

定价：23.00元